我的第一次太空旅行记

之

太空探索

[英] 吉尔斯·斯帕罗 著
金慧静 译

辽宁科学技术出版社
沈　阳

This edition published in 2013 by Franklin Watts, 339 Euston Road London NW1 3BH, UK

Franklin Watts Australia Level 17/207 Kent Street ,Sydney NSW 2000

图书在版编目（CIP）数据

我的第一次太空旅行记之太空探索 /（英）斯帕罗著；金慧静译. —沈阳：辽宁科学技术出版社，2013.6

ISBN 978-7-5381-8040-4

Ⅰ. ①我… Ⅱ.①斯… ②金… Ⅲ.①宇宙—少儿读物 Ⅳ.①P159-49

中国版本图书馆CIP数据核字（2013）第089999号

出版发行：辽宁科学技术出版社

（地址：沈阳市和平区十一纬路29号　邮编：110003）

印 刷 者：沈阳天择彩色广告印刷有限公司

经 销 者：各地新华书店

幅面尺寸：230mm × 300mm

印　　张：4

字　　数：70千字

出版时间：2013 年 6 月第 1 版

印刷时间：2013 年 6 月第 1 次印刷

责任编辑：姜　璐

封面设计：袁　舒

版式设计：袁　舒

责任校对：唐丽萍

书　　号：ISBN 978-7-5381-8040-4

定　　价：19.80 元

投稿热线：024-23284367　1187962917@qq.com

邮购热线：024-23284502

目录

离开地球

在这本书里，我们会像宇航员一样探索。我们将了解宇宙飞船是如何离开地球的，怎样在太阳系航行，以及目前为止我们对宇宙探索方面的知识。我们也将了解宇航员们未来会面临的挑战和危险。

放飞自由

其实太空距离你头顶只有100千米，但地球引力是一股强大的力量，它能将你和其他东西都拉回地球表面，防止你们飞走。要进入太空，你必须首先战胜这股引力，所以，你需要一个火箭。一旦进入太空，你将以每小时数千千米的速度在地球周围的轨道上航行。你将处于失重状态，处在没有空气的真空里。这时向下看的话，将能看到薄壳般的空气环绕着地球，那就是大气层。这层气体使地球表面上的生命得以生存，但同时也让飞船返航非常困难。任何高速进入大气层的物体都将被加热到很高的温度，所以你的宇宙飞船需要隔热板，否则你会被烤焦的！

1963年5月15日“水星-宇宙神9号”火箭从佛罗里达州的卡纳维拉尔角升空。火箭由戈尔登·库勃驾驶，他是美国最后一位单独进入太空并且完成任务的宇航员。

飞越地球

尽管有这些危险，宇宙仍是很令人神往的地方，值得去冒险。将卫星放入轨道的技术，帮助我们构建了现代化的社会，而用机器人进行太空实验也改变了我们对太阳系的认识。不久的将来，人类可能会移居到月球或其他行星上，到时将开启人类历史的新篇章。

旅行者手册：逃离速度

火箭科学家经常会谈到脱离地球引力——也就是你想彻底摆脱地球引力所要达到的速度。这速度大概是每秒11.2千米，但当你进入几百千米以外的轨道后，就不需要那么快的速度了。轨道一般是圆形的或椭圆形的路径，一个物体沿着轨道运行，就像卫星环绕地球一样。一个宇宙飞船，例如航天飞机（下图），需要一股足以战胜地球引力并且给运输工具加速，将它送入轨道的推动力。想要把1千克的材料送入太空，这种特制的火箭需要50～100千克的燃料。

火箭

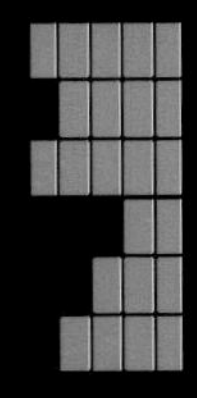

进入太空唯一的方法就是使用化学火箭。只有这些令人惊叹的发动机有动力战胜地球引力，发动机会提供稳定的、持续的力量。发动机起步慢，但它会把宇宙飞船送入轨道和更远的地方。

冲向太空

火箭发动机就是运用作用力与反作用力的原理工作。火箭尾部的高温、高压燃气从一个方向排出，把火箭推向相反方向。这是一个爆炸性的化学反应，在反应过程中，燃料（一种固体或液体的化学物质）燃烧，产生像膨胀的云雾般的热气。地球上的发动装置利用我们周围空气中的氧气和燃料产生反应，但是太空中没有空气，所以，火箭带着装有“氧化物”的容器，这些氧化物会在没有空气的太空起关键作用。

宇宙飞船是通过来自3个主要发动机和2个大型火箭助推器产生的组合推力冲入太空的。中央深橘色的容器装满了燃料。

旅行者手册：火箭人

俄罗斯和德国的科学家们是早期研究出火箭飞行原理的人。而把这些原理付诸实践的是罗伯特·戈达德——美国的物理学教授。在戈达德以前，火箭只能使用固体燃料和空气中的氧气。戈达德是在火箭上使用液体燃料的先驱，并在火箭上装载了它们自己的氧化物容器。他的这些想法起初被不懂得火箭如何在宇宙运行的人们嘲笑，但他很快就证明了自己是正确的。1926年，他的小型火箭“耐尔号”进行了第一次试飞——飞行高度高达13米！从戈达德时期起，使用液体燃料和固体燃料的火箭在性能上都有了很大的改进。

进入轨道阶段

一个火箭发动机能够产生巨大的推力来战胜地球引力。然而，火箭通过燃料或推进剂的燃烧运行，而这些物品的燃烧速度非常快，所以，为了到达宇宙，需要带上大量的此类物品。为了避免燃料空罐给火箭带来附加重量，大多数火箭使用的是多级设计。火箭分为许多独立的级，每一级都装有自己的发动机和燃料罐，按顺序燃烧。当燃料罐里的燃料烧尽后，燃料罐就会和火箭分离，落回地球。多级火箭的第一级助推器一般安在火箭的两侧，在火箭起飞时，会提供额外的推力。宇宙飞船靠运载火箭帮它进入轨道。

登月舱的控制板可以打开，方便宇航员进出。宇航员乘坐登月舱登陆到月球上。

"土星5号"运载火箭的第三级把宇航员们带到了月球上。每级运载火箭都配有自己的发动机。

进入轨道

大多数的火箭不会真正脱离地球引力。它们的目的多是把一种称作“卫星”的机器放入轨道。卫星有着广泛的用途。从1957年的“太空时代”起，卫星让我们的生活发生了彻底的变革。

视野更加清晰

距离地球大气层仅200千米的轨道上的卫星，是研究宇宙非常理想的观测者。大气层对于地球上的生命来说是至关重要的。但大气层也成了天文学家观测宇宙的一个问题，因为大气层阻碍了观察者的视线，而且大气层也遮挡住了由物体，例如超新星（爆炸的恒星）和新的星体散发出的有趣的、不同种类的射线（射线就像普通的光线，但射线或多或少带有能量）。

在大气层以外的望远镜能够侦察到这些，并且也大大增加了我们对宇宙的认知。

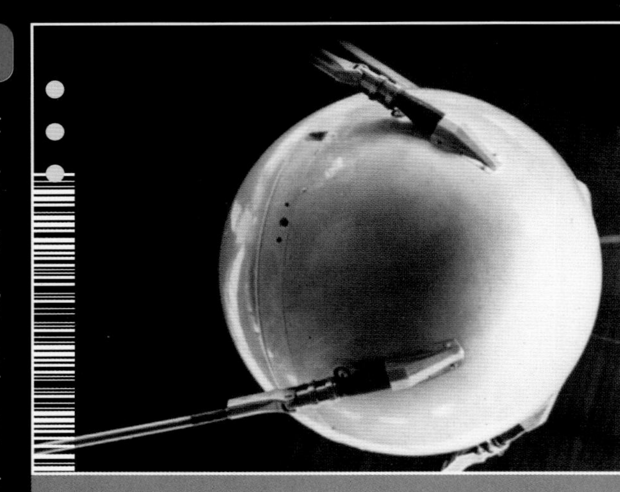

1957年，苏联向太空发射了第一枚人造地球卫星。卫星反馈回了有关地球上方大气层的珍贵数据。

旅行者手册：如何修理太空望远镜

有些卫星是专门为修理故障和升级部件的宇航员设计的。最有名的就是哈勃太空望远镜的维护了（参看第9页）。1990年发射的哈勃太空望远镜已经运行了20年，经历了5次修复，现在仍然在工作。哈勃太空望远镜发射不久，任务设计者发现在它的主镜片上有瑕疵，这一瑕疵导致望远镜有些“近视”，并且生成模糊的图像。于是，第一个维修任务就是在主镜片上安装一套镜子，这就像给人眼配上一副眼镜一样。

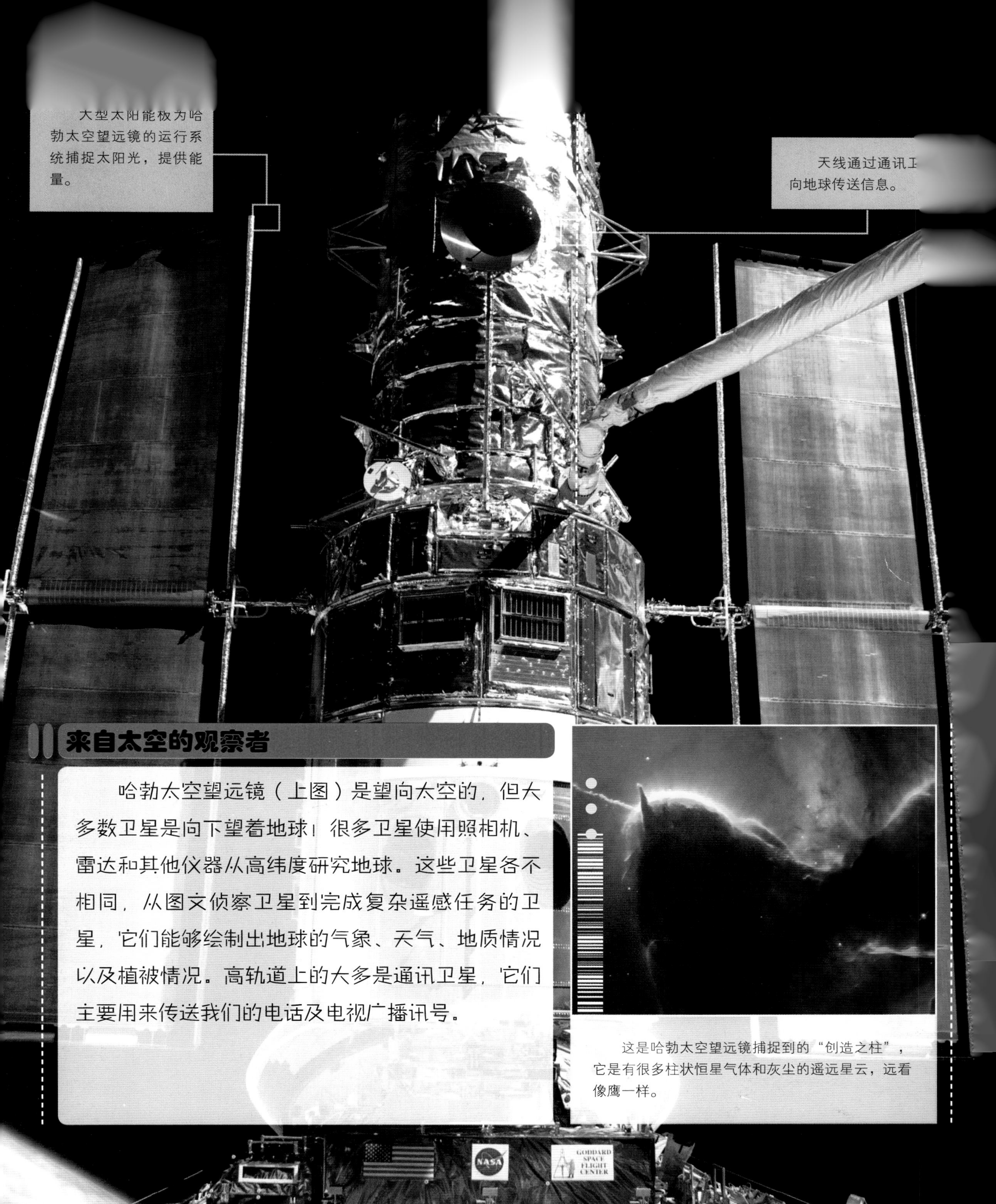

大型太阳能板为哈勃太空望远镜的运行系统捕捉太阳光，提供能量。

天线通过通讯卫
向地球传送信息。

来自太空的观察者

哈勃太空望远镜（上图）是望向太空的，但大多数卫星是向下望着地球！很多卫星使用照相机、雷达和其他仪器从高纬度研究地球。这些卫星各不相同，从图文侦察卫星到完成复杂遥感任务的卫星，它们能够绘制出地球的气象、天气、地质情况以及植被情况。高轨道上的大多是通讯卫星，它们主要用来传送我们的电话及电视广播讯号。

这是哈勃太空望远镜捕捉到的“创造之柱”，它是有很多柱状恒星气体和灰尘的遥远星云，远看像鹰一样。

进入太空的人类

为了保证宇航员们的生命安全，一艘宇宙飞船必须在严酷的太空环境中安全运行，为他们提供空气、食物和水。宇宙飞船还需要有防热盾，使它在重新进入地球大气层时不会被烧掉！

冲向太空

第一批宇航员是乘坐很小、狭窄的航天舱进入太空的。20世纪50年代到60年代期间，美国和苏联（以现代俄罗斯为中心）之间进行了太空竞赛，第一批宇航员是作为竞赛的一部分被送入太空的。苏联宇航员尤里·加加林是环绕地球飞行的第一人，他于1961年4月12日乘坐“东方1号”围绕地球飞行一周，完成了108分钟的飞行。美国宇航员艾伦·谢泼德在加加林的飞行之后不到一个月的时间内，进入了太空，但他的“水星号”飞船并没有在轨道上飞行。

Feature Index
25 PAGES TODAY

The Huntsville Times

Where Progress...
Covers The Valley!

VOL. 51, NO. 21 | CHICAGO DAILY NEWS SERVICE | HUNTSVILLE, ALABAMA, WEDNESDAY, APR. 12, 1961 | ASSOCIATED PRESS — WIREPHOTO | 45c PER WEEK

Man Enters Space

'So Close, Yet So Far,' Sighs Cape

U. S. Had Hoped For Own Launch

Soviet Officer Orbits Globe In 5-Ton Ship

Maximum Height Reached Reported As 188 Miles

Hobbs Admits 1944 Slaying

VON BRAUN'S REACTION:

'To Keep Up, U. S. A. Must Run Like Hell'

1961年尤里·加加林的飞行使他举世闻名，但他并没能再次进入太空。他在1968年3月27日因飞机失事遇难。

旅行者手册：进入太空的动物

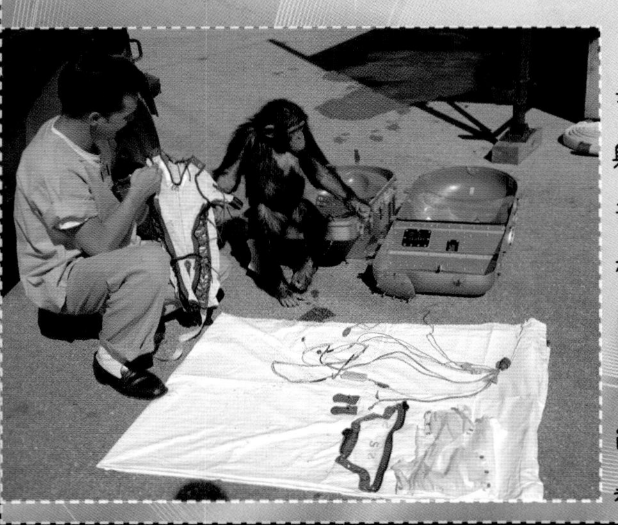

在太空竞赛的初期，没人知道人类在太空飞行的压力下能否幸存。1952年，苏联把一只名为“莱卡”的小狗放到了第二次发射的卫星“史泼尼克2号”上，但它在火箭发射后几小时内就死去了。美国的太空项目在早期进行飞行测试时，使用的是猩猩。在测试“水星号”飞船时，使用的是两只受过训练的黑猩猩，一只叫“哈姆”（左图所示，训练中），另一只叫“以挪士”。两只黑猩猩都顺利地返回了地球，而且证明在绕地球运行时，它们能够执行多种任务。现今，小动物，例如蜘蛛和果蝇，偶尔也会被带入太空作为研究生物和繁殖的太空站实验的一部分。

定期进行的航天飞行

现今，航天飞行已经相当常见了，而且也舒适多了。从20世纪80年代开始，美国航空航天局（美国国家航空和宇宙航行局）开发了一种可重复使用的宇宙飞船，名叫“太空梭”。它最多能承载7名宇航员，在太空舒适地度过两星期或更长的时间。然而，这样的太空梭将要退休了，代替它的是比太空梭小一些的宇宙飞船（参看26～27页）。俄罗斯使用了更加信得过的太空船设计，叫作载人飞船。而我国使用的是稍小一些的飞船。当今，大多数人类航天飞行都是通过轨道空间站进行的（参看12～13页）。

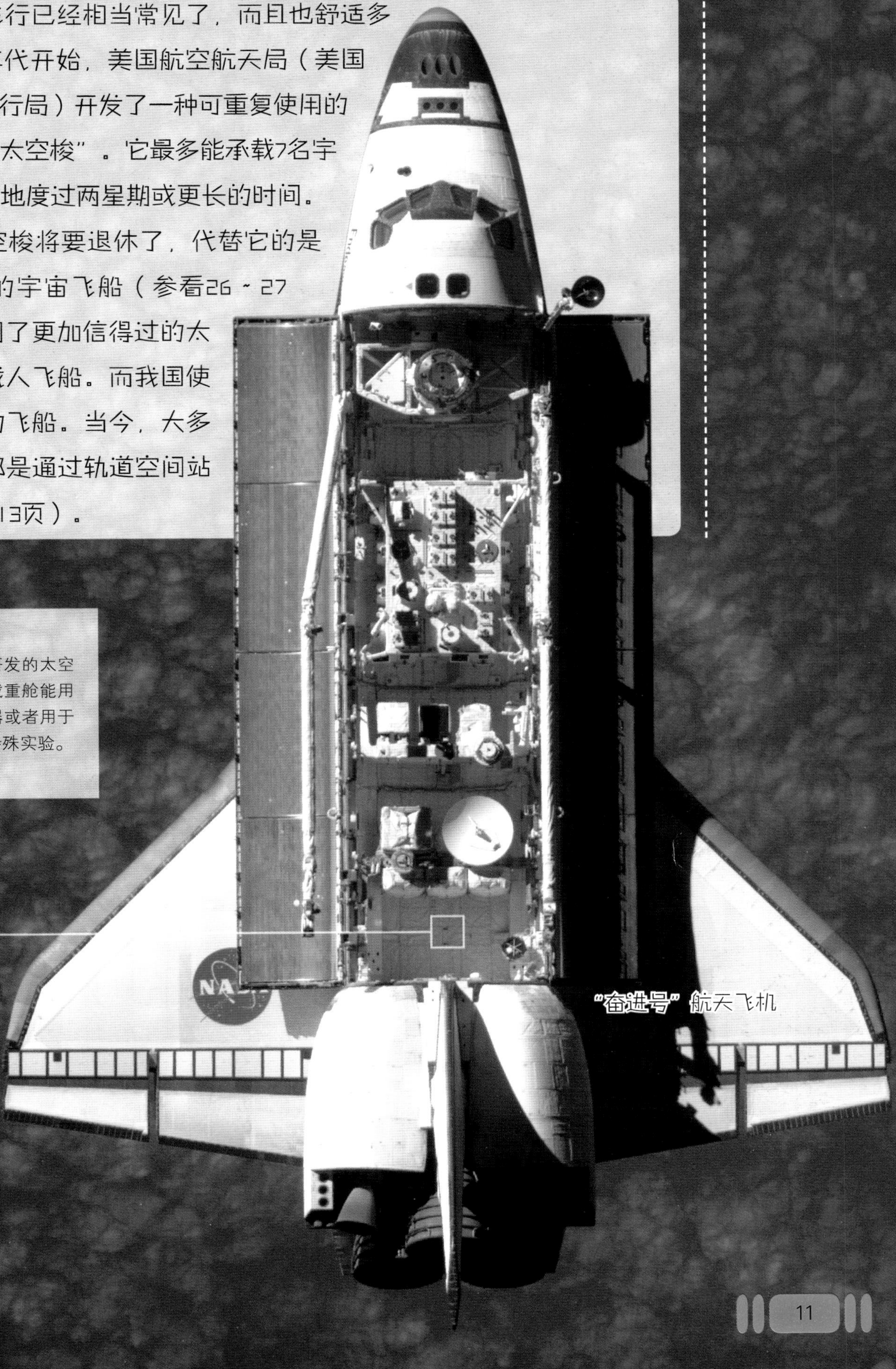

美国航空航天局研发的太空梭，中央巨大的有效载重舱能用于装载火箭、科学仪器或者用于进行地球轨道方面的特殊实验。

“奋进号”航天飞机

空间站

空间站也叫作航天站、太空站和轨道站，是一种位于地球轨道上的科学实验室，在这里航天员们可以生活和工作很长一段时间。自从20世纪70年代建立第一个空间站以来，空间站的规模变得越来越大。现今大型国际空间站（ISS）的面积都和一个足球场的面积差不多了。

轨道上的家

宇航员们在空间站集合、解散，并把无人驾驶飞船送上来的供应品及设备放到空间站里。这就意味着“拜访者”能够乘坐小型宇宙飞船去空间站，无需携带所有必需品。空间站用太阳能板获取动力，从无人驾驶飞船中获取更多的补给品。这样一来，完成数周或数月的任务就简单多了。当这些大型太空站的使用寿命将尽时，它们将脱离轨道，残骸会落入地球的海洋里，而不会落向人口密集的区域。

美国的第一个空间站——太空实验室，从1973年至1979年在轨道上环绕地球运行。空间站里的成员们进行了2000小时的实验。

旅行者手册：太空卫生间怎么用？

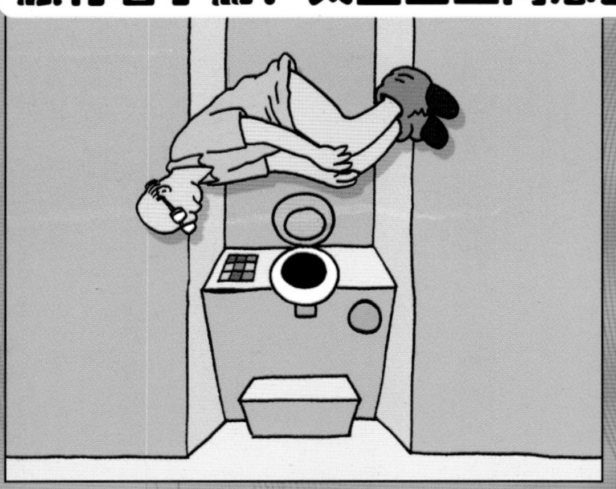

这是每个人都会问的一个问题：在太空里，怎么上厕所呢？早期的宇航员们在他们的太空服里戴着一种尿布，需要时，直接解决。如果是几个小时的航行，还是没问题的。但如果是一项长时间的任务，真是光想象都无法忍受！没有重力，不能向下排出去的话，理论上应该是所有的东西都要到处飘了。现代的太空卫生间用一股气流代替了重力，它还能帮助宇宙飞船或空间站里的空气保持清新。宇航员到达指定地点后，坐到座便上，抓住控制杆，然后就可以放心地方便了……

拥挤的空间

早期的空间站只有一个圆柱状的房间，宇航员们在那里生活、工作和睡觉。20世纪80年代后，人们开始建造大一些的、由一系列不同的舱组合而成的空间站，每个舱都有不同的功能。由太阳能板提供动力的国际空间站有很大一个区域，但留给宇航员全体成员们的空间和工作的区域只有中等机舱大小，6个人在这么小的空间生活几个月还是很拥挤的！国际空间站由15个国家共同维护和使用：美国，俄罗斯，日本，加拿大，巴西以及欧洲航天局的10个成员国。

国际空间站由一系列相互紧扣的舱组合而成，包括船员起居舱和科学实验室。

重力相伴

在地球上，我们对于无处不在的重力太习惯了，以至于我们基本上忽略了它的存在。在宇宙飞行中，你就无法感受到它了。从上升时感受到的向下拽的强力到应付失重条件下的种种困难，你将感受重力存在与否的重大区别。

克服重力

为了从地球上起飞，任何飞行器都必须以强大的力量向上移动来克服向下的重力。为了在几分钟之内到达轨道，火箭需要燃烧它的燃料，以保证让它的速度上升到极限，这样，向上的力量要比重力大好几倍。在舱里的宇航员们会感觉到他们的体重（向下拽他们的身体）一分钟内增加到原来体重的3倍以上。特殊训练会帮助他们不会昏厥，保证生命安全。带有衬垫的沙发也会尽可能地保护他们，但这仍然是个艰苦的航行。

失重条件下生活

宇宙飞船一到达轨道，向内拽宇宙飞船的地球引力和其他行星向外拽飞船的力量就会恰好相等，这就营造了一种失重的感觉，没有向上或向下的力量，你基本上能在房间里飞来飞去。宇航员们起初经常患有方向障碍和太空病，而且当物品不像它们在地球上那样运作的话，有时是很危险的。

国际空间站的墙上有一排排的控制板和科学设备，宇航员们必须学会如何在失重的条件下操作它们。

失重而且受拘束的生存条件使宇航员们在国际空间站上的生活极具挑战性。上图中，国际空间站的船员们聚集在一起，正在参加向地球报告的新闻会议。

旅行者手册：乘坐“呕吐彗星”

在地球上可以用不同方式获得失重的感觉。一次高空跳伞可以让你自由降落1分钟或更长时间，乘坐过山车向下冲时，也会给你带来几秒钟的失重感。如果你想来一次终极体验，你可以在美国航空航天局里乘坐用于训练宇航员们的飞机。这些经过改造的飞机座位很少，但在内部提供了衬垫，这种设施就刚刚好！当它沿着陡降的航线，又称抛物线飞行时，受训者一次能感受共计25秒钟的失重状态。这是在能够控制的条件下制造失重的唯一途径，但负面影响就是：很多受训者在飞机上第一次感受到了太空病。很少有人知道这些飞机有个别名，叫“呕吐彗星”！

在轨道上工作

宇航员们不是因为好玩才进入太空的，他们有很多工作要做！不管是实验室实验还是轨道建设工程，大多数人都会经过好几个月的训练，准备好迎接各项任务。

轨道上的科学

在太空工作，就算是在离地球大气层上方较低的轨道上工作，对科学家们也有两大好处。第一个好处就是，在那里可以创造在地球上很难创造的、离地球近而且完美的、无空气的真空。第二就是那里实际上没有引力。这就给科学家们创造了机会去研究化学物质及材料如何在这样的条件下形成。他们可以将研究成果用于改善在地球上制作这些东西的工艺。

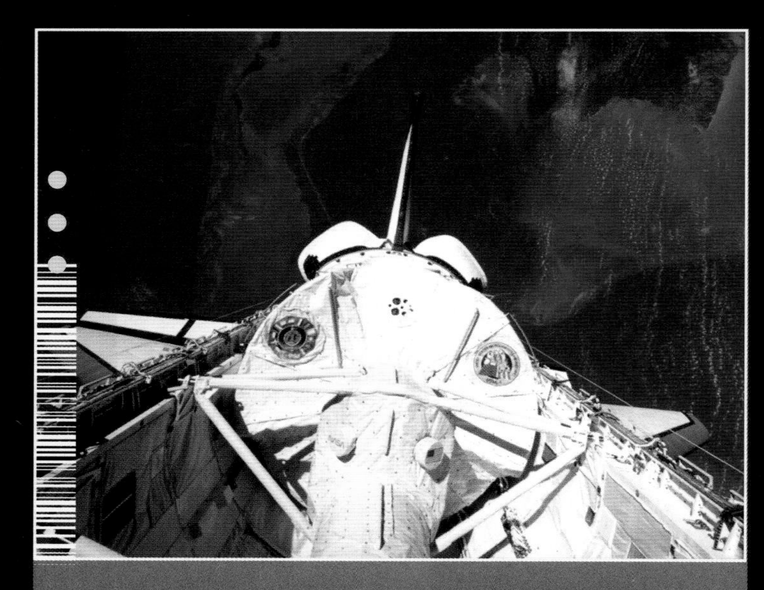

科学家们在太空实验室进行大范围涉及各个领域的实验。实验室舱是用航天飞机的有效载重舱带到太空的。

旅行者手册：怎样穿上太空服

穿太空服可以说是一项复杂的工作。既然太空服能保护你不受各种形式突然死亡的威胁，即使穿太空服的过程很让人着急，你也必须忍忍了。有些太空服设计成不同的部分，例如，穿连衣裤时，你要先爬进去，并且在你系上鞋带之前，把拉链拉上。手套和头盔将扣在指定的位置上并密封好。还有些比较简单，如同一个笨重的“硬壳”——所有东西都连到腰部的控制器上。首先你先爬进裤子里，然后在密封腹部之前将其他部分拉起，一直拉到头部。好不容易把宇航服穿上后，你还需要背上插有各种颜色软管的生命维持背包，它能提供空气、冷却系统和电力。

当宇航员们在宇宙飞船外面工作时，会使用可以在失重条件下操作的太空工具。救生索能防止宇航员们在太空里飘走。

单人宇宙飞船

不是所有的任务都是在宇宙飞船里执行的。有时可能需要给新的空间站连接电缆，或者给旧卫星更换部件。在这种情况下，宇航员们不得不亲自走进太空。在此之前，他们将穿上好几层的、笨重的太空服，还要带上头盔和手套。这些装备可以保护宇航员们应对太空的酷热和严寒、尘埃碎片和来自太阳的强烈射线。这些装备也为宇航员们提供了空气、水和通讯设施。

对健康的危害

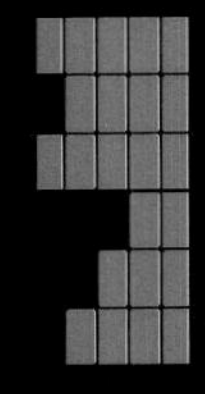

太空是个危险的地方。空气稀薄，太空岩石互相撞击产生的热浪都能对人类造成威胁。在太空本身其实也是对人类身体的一种考验。幸好我们有办法抵挡这些威胁。

保持健康

在地球上，我们的肌肉和骨骼都会一直处于紧张状态来对抗引力造成的下拉力，使我们保持站立状态。在太空失重状态下，它们就会变懒。因为缺乏锻炼，肌肉会变弱，我们的身体也会忘记用给我们提供力量的钙来加固骨骼。甚至给我们的血液带去氧气的细胞们也会变得不健康！为了以健康的状态回到地球，对所有长期待在太空的宇航员们来说，定期锻炼和服用各种药物是必需的。

为了保持健康，确保他们的肌肉不萎缩，图中国际空间站上的宇航员正在用跑步机进行锻炼。

旅行者手册：小心微小的陨石

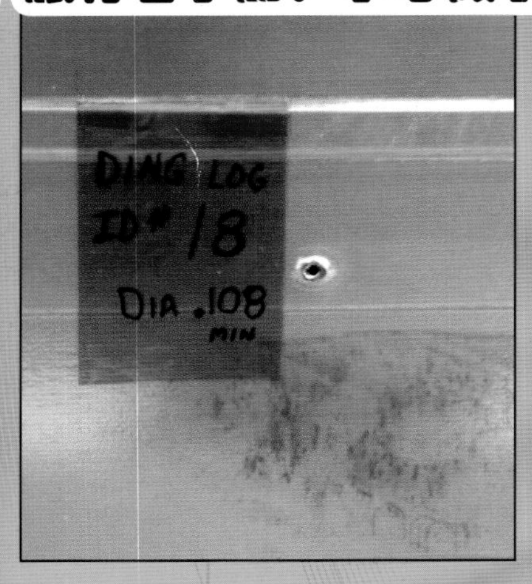

太空里充满了废弃物。太阳系里充满了星球形成后留下的岩石和灰尘，围绕着地球的区域到处都是我们探索后留下的垃圾。那里除了各种卫星以外，还有火箭的各级助推器，丢掉的工具，无数的螺母，螺钉和油漆微粒。与太空垃圾或与被称作微小陨石的小岩石块碰撞是个难题。这张图里展示的小洞就是微小陨石撞击宇宙飞船后留下的。幸运的是，地球周围还有很多空间，所以碰撞的事情还是罕见的。但如果一旦出现碰撞，你就要祈祷你的宇宙飞船有装备能够应付这些碰撞了！

己知和未知的危险

与航天飞行相关的威胁还有很多，而且有些危险是很难预测的。其中之一就是日益增加的太空辐射，我们在地球上通常不会受到太空辐射的影响。有些宇航员很难适应受拘束的条件或绝对孤立的状态。他们可能忍受不住，互相厮打起来或想逃跑，也可能感觉沮丧。而且我们不知道的危险可能会使情况更糟。“阿波罗11号”的宇航员们是第一批登月的人类，在他们回来后被隔离了21天，主要是怕他们带回某些未知的太空疾病。幸好他们没有！

时任美国总统的尼克松正在接见被安全地锁在隔离室里的“阿波罗11号”的全体船员。

球之行

月亮距地球40 000千米，这是人类探索者进入太空去过的最远
也方了，月球也是迄今我们出发去过的唯一的另外一个世界。
实现登月需要付出很多，比如庞大的资金支持和上千人的艰
工作。

月球的火箭

61年，当时的美国总统约翰·菲
德·肯尼迪设立了国家航空航
致力于在10年内执行载人登月
。这项任务，后来被称为“阿
划”，成为了美国和苏联之间
的最后篇章，消耗了大量的资
项工程最显著的标志就是巨大
星5号”火箭，高111米，建造它
是把“阿波罗号”宇宙飞船送
上去。

“土星5号”是三级火箭。每一级都有自己的火箭发动机。每级火箭的燃料耗尽后都会脱离飞船。

在发射塔直立放置的“土星5号”被放在了移动台上，从装配间非常缓慢地移到发射区域。电梯将带着宇航员们上塔，进入火箭顶端的船员舱。

“阿波罗号”宇宙飞船

发射进入地球轨道后，“土星5号”第三级火箭的最后一次燃烧将把“阿波罗号”宇宙飞船送往月球。“阿波罗号”飞船有3个部分：指挥舱或船员舱，提供空气、水和动力的服务舱，可以实现登陆的、蜘蛛脚似的登月舱。3天的旅程后，服务舱的发动机点燃，把“阿波罗号”送入月球轨道上。两名宇航员随后会乘坐登月舱在月球表面降落，第三个人仍留在指挥舱中绕月球轨道飞行。

旅行者手册：“阿波罗13号”

1969年到1972年间，共有6艘“阿波罗号”登月舱登陆到了月球上，其中有一组船员能够活着回归地球，真是幸运。“阿波罗13号”在去月球的途中经历了燃料爆炸，这使服务舱严重受损。用有限的动力和指挥舱（船员舱）无法提供生命支持，后来美国航空航天局任务中心的工程师们想出了一个孤注一掷的计划。3名宇航员：吉姆·洛威尔，杰克·斯威格特和弗莱德·海斯，被转移到了狭窄的登月舱，把它当作救生艇，让他们在回到地球前，绕着月亮航行，生命可以维系4天。当他们与登月舱和服务舱分离后，重新启动指挥舱时，全世界都在关注着，关注着他们如何返回地球。“阿波罗13号”没有登陆到月球上，但全体船员安全返回地球是美国航空航天局的伟大胜利之一。

安全落入大西洋后，“阿波罗13号”的指挥舱被拉到美军飞机运送器的甲板上（上方左图）。宇宙飞船的全体船员（上方右图）被奉为国家英雄。

在月球上

1969年7月20日，尼尔·阿姆斯特朗和巴兹·奥尔德林成为了第一批登上月球的人类。他们在那儿停留了不到1天的时间，包括两个半小时的月球漫步。随后“阿波罗号”共在月球停留3天，做了一系列实验。

月球漫步

在月球表面行走是一种奇怪的体验。月球的引力较弱，使得你的体重变成只有地球上的1/6，这就意味着你能在月球上跳得很高，跳一下就可以跨很远的距离，所以你需要考虑的是如何停下来！月球表面覆盖着很细的、粉状的灰色尘土，它会附着在任何物体上，白天反射耀眼的太阳光。而且，那里没有你能呼吸的空气！

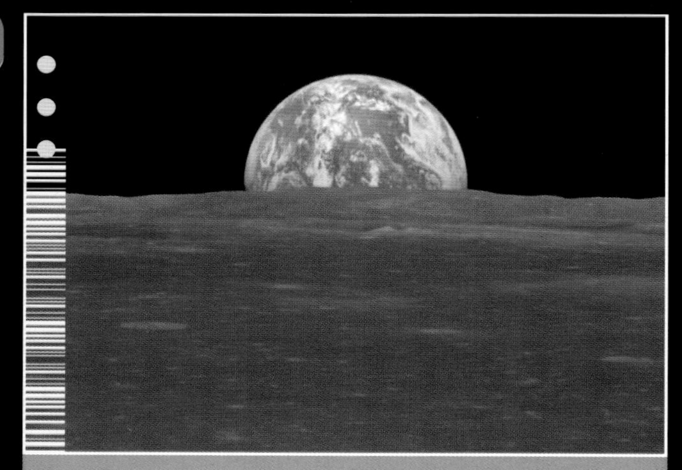

这是从“阿波罗11号”指挥舱拍摄的地球从月球地平线上升起的照片。这时指挥舱仍在环绕月球的轨道上，阿姆斯特朗和奥尔德林已经降到月球表面上了。

旅行者手册：在月球表面上驾驶

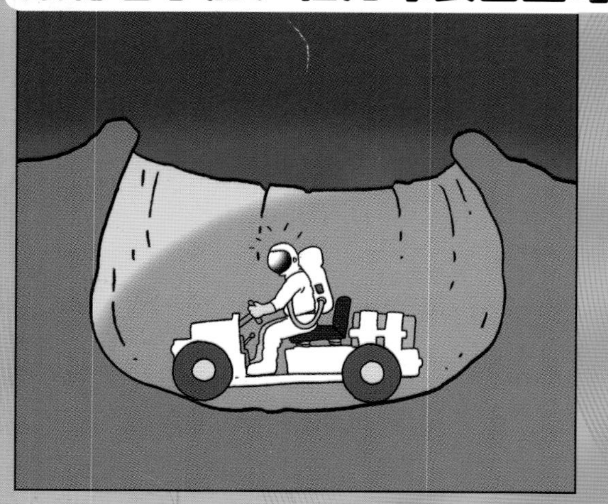

阿波罗15、16和17号都携带了叫作Lunar Roving Vehicle (LRV)的特殊月球车。研发一辆月球车要花费3800万美元，它的最高时速能达到18千米。四轮单独驱动的月球车可以躲过尘埃漂移，能够跳过小岩石。但是隐藏的火山口和较大的岩石是个大问题。在月球上，大小和距离很难判断。月球的面积小，这意味着它的地平线要比你想象得近，而且稀薄的空气使视野非常清晰，甚至可以看到在很远距离的物体。看上去像近处很小的岩石也许是远处马一样大的巨大卵石。

月球实验

1969年到1972年间，共有6艘阿波罗号飞船降落到过月球表面的不同区域。他们的主要工作是收集岩石和土壤标本，帮助地球上的地质学家拼凑出月球的历史。后3艘阿波罗号配备了月球车，月球车能够帮助他们覆盖更大的区域。实验包括重新找到遗落在月球上的旧机器人，看看它们如何通过月球表面持续发送冲击波，并且设立装置监听月震。在这一过程里并不都是艰苦的工作，阿波罗14号的指挥官艾伦·谢巴德就用简易的棍棒和一个球成为了月球上的第一个高尔夫球手。

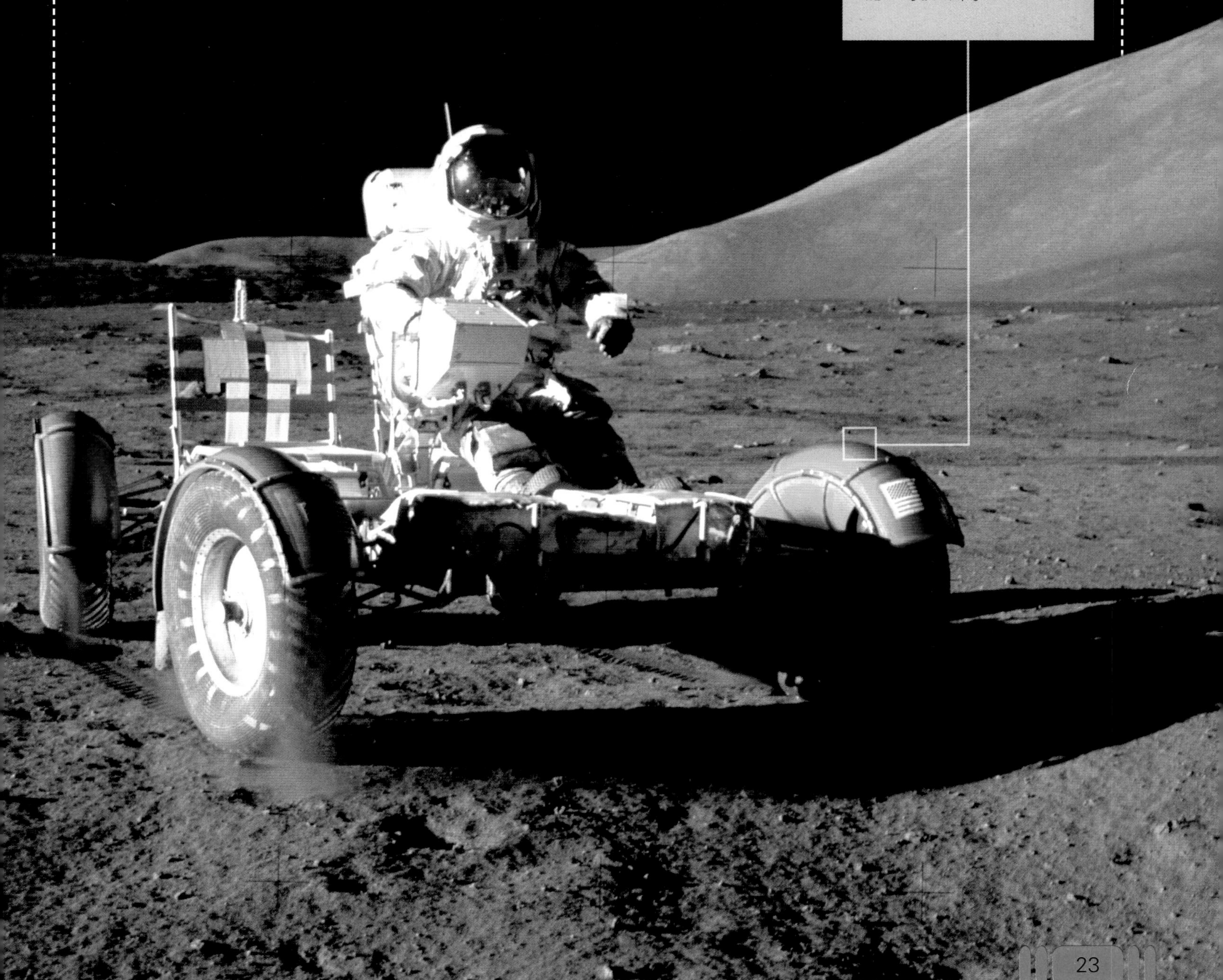

1972年美国航空航天局的宇航员尤金·塞尔南在月球表面驾驶“阿波罗17号”的月球车，进行测试，他刚把月球车从月球舱里驾驶出来。

探索行星

虽然目前为止人类仅拜访过月球，但机器人宇宙探测器却几乎已经探索了太阳系的每个角落。与载人航天器相比，这些探测器很便宜，危险系数低，它们已经去过所有主要的行星和很多卫星、彗星以及小行星。

会见邻居

探测器最常有的任务就是探索离地球最近的行星：金星和火星。由于金星炙热和酸性的空气，人类试图降落到金星是非常危险的，但轨道探测器能够环绕行星，使用雷达穿过金星浓密的云进行探测。相比较而言，火星更好客一些，许多探测器现在已经在火星的轨道上，或者登陆到火星上，甚至已经在其表面驾驶过。其他探测器已经拜访过水星（离太阳最近的行星）和太阳系里穿越地球附近区域的彗星和小行星们。

“精神号”火星探测车在2004年1月4日登陆到了火星上。它发回了大量有关火星表面特征的信息。

旅行者手册：走入黑暗

任何宇宙飞船在探索外太阳系时都会面临很多挑战。超越火星后，太阳光会变弱，太阳能板不能有效地工作，所以你需要另一个能源。宇宙探测器可以使用来自放射性元素的热能，但载人探测器将需要核电站。因为整个旅程将耗时数年，宇航员们必须携带很多补给品，在太空度过非常长的一段时间。从地球上发送的无线电信号将花费几分钟才能到达火星。但如果在更远的地方，来回发送信号就需要好几个小时。在飞船控制中心没有热线电话，所以船员们在危机中必须自己拿主意。

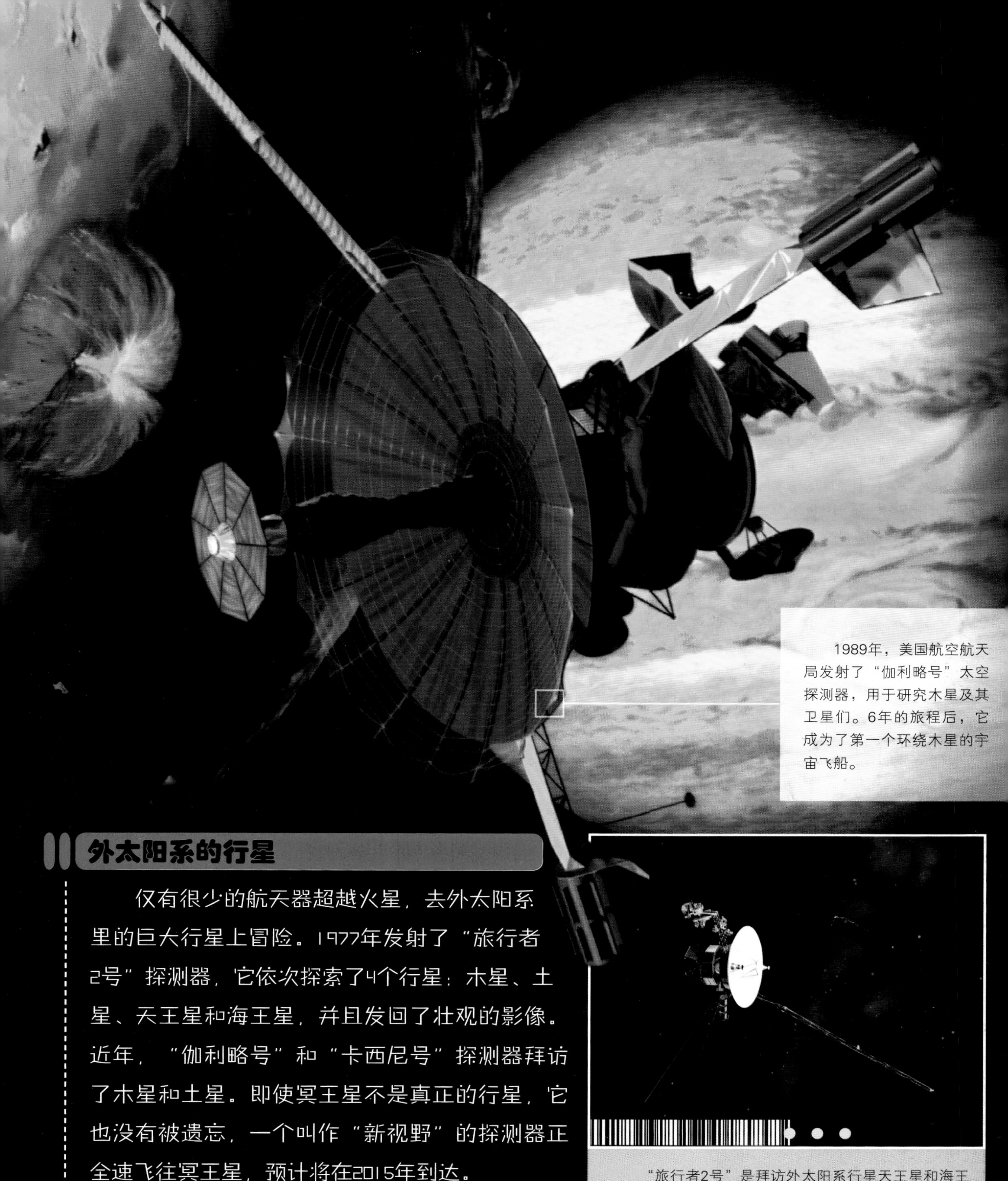

1989年，美国航空航天局发射了“伽利略号”太空探测器，用于研究木星及其卫星们。6年的旅程后，它成为了第一个环绕木星的宇宙飞船。

外太阳系的行星

仅有很少的航天器超越火星，去外太阳系里的巨大行星上冒险。1977年发射了“旅行者2号”探测器，它依次探索了4个行星：木星、土星、天王星和海王星，并且发回了壮观的影像。近年，“伽利略号”和“卡西尼号”探测器拜访了木星和土星。即使冥王星不是真正的行星，它也没有被遗忘，一个叫作“新视野”的探测器正全速飞往冥王星，预计将在2015年到达。

“旅行者2号”是拜访外太阳系行星天王星和海王星的唯一的宇宙飞船。探测器正飞往星际太空。

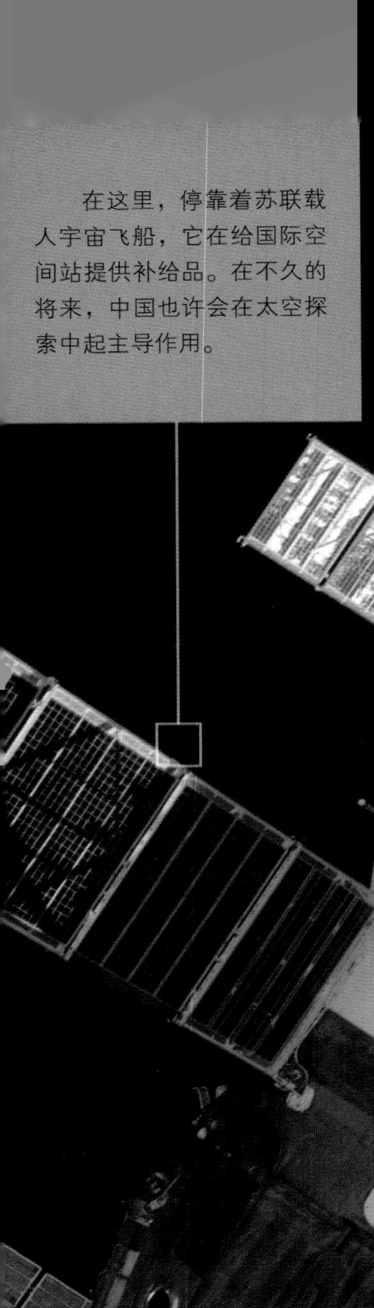

在这里，停靠着苏联载人宇宙飞船，它在给国际空间站提供补给品。在不久的将来，中国也许会在太空探索中起主导作用。

前景

随着新的国家和私人公司冒险进入轨道，太空探索正经历着巨大的变化。几十年后的某一天，我们最终可能会在月球建立永久的根据地，而且能够去火星探索。

新玩家

在过去的20年里，美国航空航天局是载人航天飞行的驱动力，但局势已经开始起了变化。欧洲和俄罗斯的太空局一起合作开发了新的宇宙飞船，这种宇宙飞船可以飞往国际空间站而且可能超越地球轨道。中国追求的是自己独立的项目，将登陆月球作为了初期目标。事实上，在月球上和更远的行星上建立永久基地，必定需要国际社会共同努力才能实现。

太空探索的前50年是由政府航天局运营的，而在未来可能由私人企业推动太空探索。在2004年，维京银河航线公司的“宇宙飞船1号”成为了第一个由私人公司建造，进入太空的飞行器。公司很快会用同样的技术开始提供给乘客们旅行的机会，但维京航行并没有到达轨道。其他太空公司也在开发新的发射器和能供给国际空间站的宇宙飞船。

维京银河航线公司的宇宙飞船将载着6名乘客飞往太空边缘。在110千米的高度，乘客们将能够看到地球曲率。

旅行者手册：月球和火星

在2004年，美国总统要求美国航空航天局计划出一个重返月球的行动计划。这个项目也被称作“星座计划”，在2009年测试性地发射了一个新火箭——“战神X-1”，但由于预算截流，这一计划被迫取消。美国航空航天局正在寻找其他出路，但如果有一个重量级发射装置能够发射到离低轨道稍远一些的区域的话，还是有优势的。探索目标锁定在了月球和火星上。从行星之间的角度来看，它们是离地球比较近的，太空探测器显示它们的表面或土壤里都有充足的冰储备，这就能够提供水和呼吸用的氧气，甚至能够被用于为发电站制造燃料，或给推进系统提供能量从而让人类能够返回地球，也可以用创造出的燃料去往太阳系里更远的地方。

未来探索火星表面的宇航员们将使用特别设计的科学仪器进行对火星的土壤、岩石和空气的研究。

飞越太阳系

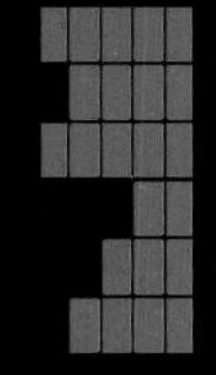

有一天，人类将想要飞越太阳系去旅行，去参观其他恒星，建立殖民地，甚至扩张到银河系以外的宇宙，也许在旅途中会遇到外星人。但与太阳系探索相比，星际旅行将是更加巨大的挑战。

深入太空

哪怕去最近的恒星，以“阿波罗号”全速飞行也将需要10万年或更长的时间。即使我们的技术飞速发展，大多数的星际旅行也仍然可能耗时几个世纪。这一问题可能只有两个解决方法。一个是装载着大型、自给自足的殖民船，船员们到达目的地前，需要经历好几代人努力才能得以实现。另一个方法就是让船员们进入“冬眠”状态，在大部分旅程中，他们将被冷冻冬眠，在旅程接近尾声时叫醒他们。

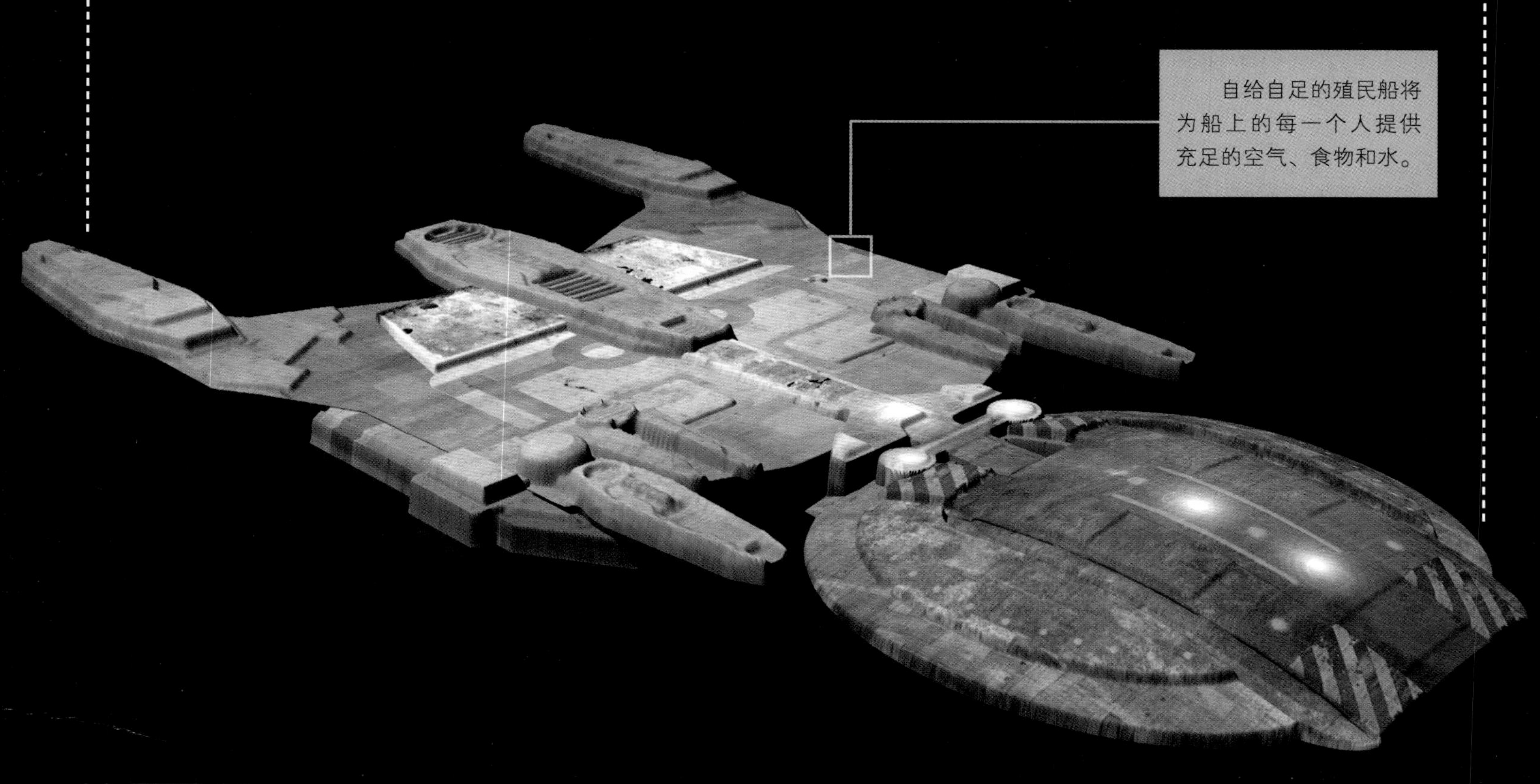

自给自足的殖民船将为船上的每一个人提供充足的空气、食物和水。

超级火箭

虽然化学火箭很有用，但它们效率并不高。有些实验宇宙飞船已经开始使用新技术来驱动它们前进，而且这也将是进行高速星际旅行的关键。有使用非常少的燃料逐步加速到达极高速度的离子发动机；也有的发动机利用太阳能航行，它靠的是太阳射线的微弱推力。有些物理学家们希望某个科技突破可以允许我们利用太空中的“虫洞”，瞬间穿越宇宙。

离子发动机可以非常有效地使用燃料，但它们并没有传统的化学火箭强大。科学家们目前正在研制能够产生更大推力的新的发动机系统。

离子发动机可以放出一束电子充电的原子（离子），推动宇宙飞船飞行。

旅行者手册：跟外星人问好

如果我们真的遇见了外星人，我们怎样与他们交流呢？科学家们相信最好的面对面交流的方式应该是使用图片（假定外星人有与视觉相似的感官系统）。如果我们无法交换无线电信号，早期的宇宙通用语应该是数学了。我们的数字系统基于我们的10根手指头。然而，二进制的数字——电脑里使用的很多1和0组成的系统，可能是最简单的计算形式了。聪明的外星文明可能懂得二进制。

词汇表

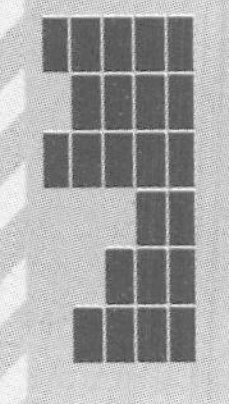

殖民船

一艘经历数百年的时间去其他恒星探索的宇宙飞船，好几代人将在船上繁衍生息。

万有引力

由于天体的质量，它们之间存在着互相吸引的力量。质量越大，引力就越强。

NASA，美国航空航天局

全称为The National Aeronautical and Space Administration，一个负责美国国家太空项目的政府部门。

轨道

一个物体在外太空——例如月球、行星或小行星（一个太空岩石）以弯曲的路线绕过另一个天体，这是引力所致。

行星

一个沿着自己的轨道环绕恒星的天体，足够大，并因自身引力作用以圆形环绕恒星。

卫星

在太空里环绕行星或恒星的物体。人造卫星包括在轨道上地球周围放置的装置，用于传递科学或交流的数据。

太阳系

太阳和八大行星——水星、金星、地球、火星、木星、土星、天王星和海王星，还有其他环绕它的天体构成。

苏联

曾经存在于欧洲东部和亚洲北部的国家。1922年建立，1991年官方宣布解体。以俄罗斯为中心，包括其他14个国家。

太空竞赛

在1957年到1975年间，美国与苏联之间进行的非正式竞赛。竞赛的原因是在探索外太空时，两国都努力竞争，想超越对方的成就。

联盟号

为苏联太空项目设计的一系列宇宙飞船，由轨道舱、返回舱和服务舱组成。

真空

根本上没有实物粒子的、一定体积的空间。

虫洞

一个理论上存在的宇宙隧道，允许从宇宙的一端迅速穿越到另一端。

快问快答

下面有3道快速问答来测试你的航天知识（答案在底部）。祝你好运！

1. 第一个成功登月的飞船是哪个？

A）阿波罗13号

B）阿波罗11号

C）阿波罗15号

2. 第一个绕木星飞行的宇宙飞船的名字是：

A）伽利略号

B）精神号

C）卡西尼号

3. 什么是“旅行者”？

A）一个恒星

B）一个太空火箭

C）一个太空探测器

问答答案：1.B；2.A；3.C